Kirti Wanjale
Aditya Wanjale

Previsão do risco de empréstimo: Comparação entre redes neurais e SVMs

Kirti Wanjale
Aditya Wanjale

Previsão do risco de empréstimo: Comparação entre redes neurais e SVMs

ScienciaScripts

Imprint

Cover image: www.ingimage.com

This book is a translation from the original published under ISBN 978-620-8-42134-2.

Publisher:
Sciencia Scripts
is a trademark of
Dodo Books Indian Ocean Ltd. and OmniScriptum S.R.L publishing group

120 High Road, East Finchley, London, N2 9ED, United Kingdom
Str. Armeneasca 28/1, office 1, Chisinau MD-2012, Republic of Moldova, Europe
Managing Directors: Ieva Konstantinova, Victoria Ursu
info@omniscriptum.com

Printed at: see last page
ISBN: 978-620-8-63894-8

RESUMO

A avaliação do risco de empréstimos desempenha um papel fundamental no sector financeiro e os modelos preditivos são essenciais para tomar decisões de empréstimo informadas. Este projeto de investigação investiga o domínio da avaliação do risco de crédito, um aspeto crítico da indústria financeira, propondo uma abordagem inovadora que utiliza o algoritmo Feed Forward Neural Network (FNN). O foco principal é comparar a eficácia do algoritmo FNN com as Máquinas de Vectores de Suporte (SVM) amplamente adoptadas para a previsão do risco de empréstimo. O objetivo é avaliar a eficácia do algoritmo FNN na previsão de incumprimentos de empréstimos, visando uma compreensão abrangente do seu desempenho em comparação com o SVM.

Os resultados obtidos são promissores, indicando a precisão superior do modelo FNN em comparação com o SVM. Este facto realça o potencial do algoritmo FNN para revolucionar a avaliação do risco de crédito. As nossas conclusões sublinham a importância de tirar partido da IA e do ML, especificamente das redes neuronais, para melhorar a precisão e a fiabilidade dos sistemas de previsão do risco de crédito. O desempenho impressionante do modelo FNN posiciona-o como um divisor de águas neste campo, oferecendo maior precisão e fiabilidade nos sistemas de previsão do risco de crédito. Estes resultados fornecem informações valiosas para os profissionais do sector financeiro e cientistas de dados, oferecendo um caminho para elevar a precisão das avaliações de risco de empréstimos e mitigar as perdas financeiras decorrentes de incumprimentos.

A investigação conclui que o algoritmo FNN tem a capacidade de ter um impacto substancial no sector financeiro, servindo como uma ferramenta mais precisa e fiável para a previsão do risco de crédito. Recomenda-se uma maior exploração e experimentação para alargar a aplicação do modelo FNN a diversos cenários financeiros, facilitando assim a tomada de decisões mais informadas no sector dos empréstimos.

ÍNDICE DE CONTEÚDOS

LISTA DE ABREVIATURAS

ABBREVIATION	ILLUSTRATION
FNN	Feed-Forward Neural Network
SVM	Support Vector Machine
AI	Artificial Intelligence
ML	Machine Learning
DNN	Deep Neural Network
CNN	Convolutional Neural Network
AUC	Area Under Curve
LR	Logistic Regression
P2P	Person to Person
ReLU	Rectified Linear Unit

1. INTRODUÇÃO

1.1 VISÃO GERAL:

O sector financeiro está intrinsecamente ligado ao bem-estar dos indivíduos, das empresas e da economia global. Um dos seus aspectos fundamentais é a facilitação de empréstimos, que fornecem o capital necessário para várias actividades pessoais e empresariais. No dinâmico panorama financeiro atual, a previsão exacta dos riscos dos empréstimos constitui um elemento essencial para práticas financeiras sustentáveis. O sector financeiro é caracterizado por uma procura constante de abordagens inovadoras para melhorar a avaliação dos riscos, especialmente no contexto das previsões de empréstimos. Neste projeto de investigação, mergulhamos no domínio da "Previsão do risco de empréstimo utilizando redes neuronais". Como assistimos a rápidos avanços na tecnologia, o nosso projeto de investigação centra-se especificamente na "Previsão do risco de empréstimo utilizando redes neuronais". Ao efetuar uma análise comparativa com as bem estabelecidas Support Vetor Machines (SVM), pretendemos descobrir novas dimensões na modelação preditiva que poderão redefinir as estratégias de avaliação de risco na indústria financeira.

1.2 MOTIVAÇÃO:

A motivação subjacente a este projeto decorre da importância crítica de avaliações precisas do risco de crédito para as instituições financeiras. O sector financeiro, caracterizado pela sua natureza em constante evolução, está a registar uma procura sem precedentes de ferramentas de avaliação de risco mais sofisticadas. À medida que o panorama dos empréstimos evolui, há uma necessidade crescente de algoritmos sofisticados que possam fornecer previsões mais precisas e reduzir as perdas financeiras devidas a incumprimentos. Os métodos tradicionais, embora fiáveis, podem ser insuficientes para lidar com as complexidades dos dados financeiros modernos. As capacidades intrínsecas de aprendizagem das redes neurais constituem uma motivação convincente para explorar o seu potencial de transformação das previsões de risco de crédito. As redes neuronais, com as suas capacidades de aprendizagem, apresentam uma via interessante para revolucionar a previsão do risco de crédito, motivando-nos a explorar a sua eficácia em comparação com métodos estabelecidos como o SVM.

1.3 DEFINIÇÃO DO PROBLEMA:

O cerne da nossa investigação reside na resolução de um problema crucial enfrentado pelas instituições financeiras a nível mundial - a necessidade de um modelo de previsão do risco de crédito mais preciso e fiável. À medida que o panorama financeiro se torna cada vez mais complexo, os modelos tradicionais

As metodologias de análise de dados financeiros apresentam limitações no fornecimento de informações granulares. A complexidade dos dados financeiros exige soluções inovadoras, e a nossa investigação centra-se em determinar se o algoritmo FNN pode ultrapassar métodos estabelecidos como o SVM. Este problema encapsula o desafio de combinar tecnologia avançada com as complexidades da avaliação do risco financeiro.

1.4 ÂMBITO DO PROJECTO:

O âmbito do nosso projeto abrange todo o ciclo de vida da implementação e avaliação do algoritmo FNN para a previsão do risco de crédito. O nosso objetivo é fornecer uma compreensão abrangente das capacidades e limitações desta tecnologia em comparação com o SVM.

1.4.1 Exploração algorítmica:

O projeto investiga uma exploração exaustiva dos algoritmos de aprendizagem automática, com destaque para as máquinas de vectores de apoio tradicionais (SVM) e as redes neurais de avanço (FNN). O nosso objetivo é compreender os meandros destes algoritmos, implementá-los e ajustá-los para obter um desempenho ótimo na previsão de riscos de empréstimos.

1.4.2 Processamento e análise de dados:

O âmbito técnico estende-se ao processamento e análise de dados em grande escala. Lidaremos com dados extensos de clientes, incorporando caraterísticas como idade, rendimento, montante do empréstimo e informações sobre o historial de crédito. Serão aplicadas técnicas como a limpeza de dados, a normalização e a extração de caraterísticas para garantir um treino robusto do modelo.

1.4.3 Avaliação e comparação de modelos:

A avaliação rigorosa do modelo utilizando métricas como a pontuação F1, a exatidão, a recuperação e a precisão é parte integrante do nosso projeto. Iremos efetuar uma análise comparativa entre os modelos tradicionais e a nossa abordagem FNN proposta, avaliando o seu desempenho em vários cenários e complexidades de conjuntos de dados.

1.5 LIMITAÇÕES:

No entanto, é crucial reconhecer as limitações inerentes ao esforço de investigação. Factores como a disponibilidade de dados, a complexidade do modelo escolhido e a influência da dinâmica do mercado externo colocaram um conjunto de problemas para lidar com o âmbito e os resultados do projeto. O reconhecimento destas limitações é fundamental para garantir uma interpretação matizada dos resultados da investigação. Compreender estas limitações é crucial para interpretar os resultados de forma eficaz.

1.5.1 Limitações dos dados:

A eficácia dos modelos de previsão depende em grande medida da qualidade e da quantidade de dados disponíveis. As limitações do conjunto de dados, tais como informações em falta ou incompletas, podem afetar a precisão dos modelos e a sua generalização.

1.5.2 Complexidade do modelo:

A implementação de modelos sofisticados de redes neuronais introduz um nível de complexidade. O treino e a afinação destes modelos exigem recursos computacionais substanciais. Consequentemente, pode haver desafios na implementação e manutenção de modelos tão complexos em ambientes com recursos limitados.

1.5.3 Dependência de dados históricos:

O facto de os modelos se basearem em dados históricos pressupõe que as tendências e padrões passados se manterão no futuro. Mudanças rápidas nas condições económicas ou acontecimentos imprevistos podem tornar os dados históricos menos representativos, afectando a precisão de previsão dos modelos.

1.5.4 Desafios de interpretação:

As redes neuronais, conhecidas pela sua natureza de caixa negra, podem colocar desafios em termos de interpretabilidade. Compreender e explicar o processo de tomada de decisão destes modelos pode ser complexo, limitando potencialmente a sua adoção em cenários que exijam processos de decisão transparentes.

1.5.5 Variabilidade específica do sector:

O sector financeiro apresenta um elevado grau de variabilidade influenciado por vários factores externos. Os modelos desenvolvidos podem não captar todas as nuances específicas das diferentes instituições financeiras, limitando potencialmente a sua ampla aplicabilidade.

1.5.6 Considerações éticas:

As considerações éticas, como o enviesamento dos dados de treino ou o potencial para consequências não intencionais, devem ser cuidadosamente abordadas. É fundamental garantir que os modelos não perpetuam ou exacerbam inadvertidamente os preconceitos existentes.

1.5.7 Natureza dinâmica dos mercados financeiros:

Os mercados financeiros são intrinsecamente dinâmicos e as suas condições podem alterar-se rapidamente. Os modelos desenvolvidos podem necessitar de uma adaptação contínua à evolução das tendências do mercado e das condições económicas.

1.5.8 Restrições de recursos e de tempo:

A implementação de modelos abrangentes exige recursos significativos, tanto em termos de potência computacional como de tempo. As limitações de recursos e de tempo podem afetar a escalabilidade e a aplicabilidade em tempo real dos modelos desenvolvidos.

No entanto, a emissão de empréstimos não é isenta de riscos. As instituições de crédito, sejam elas bancos, cooperativas de crédito ou prestamistas em linha, enfrentam o desafio permanente de avaliar a capacidade de crédito dos mutuários para mitigar o risco de incumprimento. Uma avaliação de risco imprecisa pode levar a perdas financeiras substanciais e, em alguns casos, à desestabilização das instituições financeiras. Por conseguinte, é imperativo que o sector financeiro utilize modelos preditivos avançados para tomar decisões de empréstimo informadas e baseadas em dados.

A avaliação do risco de empréstimo envolve a avaliação de múltiplos factores, incluindo o historial de crédito do mutuário, a sua situação profissional, os seus rendimentos, as suas dívidas e uma miríade de outras variáveis. Tradicionalmente, esta avaliação baseava-se essencialmente no julgamento humano, com os funcionários responsáveis pelos empréstimos a analisarem manualmente estas variáveis. No entanto, as limitações desta abordagem tornaram-se cada vez mais evidentes. A parcialidade humana, os erros e a escalabilidade limitada levaram à exploração de métodos alternativos. Além disso, as entidades e autoridades reguladoras estabeleceram requisitos rigorosos para garantir práticas de empréstimo responsáveis. Em resposta, as instituições de crédito tiveram de se adaptar, incorporando métodos mais objectivos e sistemáticos para avaliar o risco dos empréstimos. O advento da tecnologia e a proliferação da tomada de decisões baseada em dados levaram ao desenvolvimento de modelos preditivos que podem prever com maior exatidão o incumprimento dos empréstimos e, assim, cumprir os requisitos regulamentares, assegurando simultaneamente operações rentáveis.

2. PESQUISA BIBLIOGRÁFICA

[1] Este estudo de investigação fornece uma análise aprofundada dos métodos de aprendizagem automática relacionados com a avaliação do risco de crédito. Utilizando técnicas de avaliação rigorosas e dados do mundo real, este estudo compara sistematicamente quatro algoritmos bem conhecidos - Árvores de Decisão, Floresta Aleatória, Máquinas de Vectores de Suporte e Regressão Logística - para determinar qual é o melhor na previsão do risco de crédito. Os resultados fornecem uma visão das vantagens e desvantagens de cada modelo. A abordagem Random Forest mostrou uma precisão comparativamente mais elevada quando comparada com os algoritmos SVM, Árvore de Decisão e LR, de acordo com os resultados do treino e teste do conjunto de dados utilizando estes quatro algoritmos. Vários investigadores estão a utilizar abordagens de conjunto para investigar esta investigação. Foi demonstrado que os métodos de conjunto superam os classificadores individuais.

[4] O artigo de estudo centra-se na utilização de metodologias de extração de dados para prever o risco de incumprimento de empréstimos no sector bancário. O principal problema da identificação de mutuários de alto risco é abordado no artigo através da utilização de métodos sofisticados de extração de dados. Para melhorar a precisão da previsão do risco de crédito, o artigo explora a seleção de caraterísticas, a formação de modelos e os procedimentos de avaliação. Neste estudo, foi desenvolvido um modelo de previsão para analisar o comportamento do cliente e o historial de crédito para prever e categorizar os pedidos de empréstimo. O algoritmo J48 foi o melhor, uma vez que, após um estudo exaustivo do vasto conjunto de dados, forneceu uma precisão elevada (78,3784%) em comparação com Bayes Net (77,4775%) e Bayes ingénuo (73,8739%).

[5] O documento de investigação apresenta a aplicação de SVMs na pontuação de crédito, uma área fundamental no sector financeiro. O estudo apresenta as SVM como uma ferramenta poderosa para a avaliação do risco de crédito/empréstimo, salientando a sua capacidade para prever eficazmente a solvabilidade, descobrindo e destacando as caraterísticas mais influentes no conjunto de dados. Depois de analisar conjuntos de dados maiores, a investigação concluiu que os SVMs estão entre os métodos mais bem estabelecidos para categorizar os consumidores em situação de incumprimento. Além disso, afirmaram que, em contrapartida, o modelo necessita de mais vectores de apoio para funcionar no seu máximo.

[7] Os autores demonstram como as técnicas de extração de dados podem ser utilizadas para identificar atributos relevantes para a avaliação do risco de crédito e desenvolver um modelo preditivo para o reconhecimento de clientes em situação de incumprimento. O documento salienta a importância de uma avaliação exacta do risco de crédito

avaliação do risco no sector das microfinanças. Os autores mencionaram que a utilização de algoritmos de extração de dados, como os modelos lineares generalizados, oferece uma oportunidade para encontrar padrões que ajudam a reconhecer os clientes em situação de incumprimento. Salientam a importância dos modelos preditivos na redução do risco de crédito e no aumento da exatidão da pontuação de crédito. Os autores concluem destacando a criação e aplicação eficazes de um modelo de pontuação de crédito numa organização de microfinanças real.

[10] Os autores utilizaram dados de crédito reais da plataforma de empréstimos Bondora para avaliar o desempenho dos modelos baseados em SVM em comparação com os modelos de regressão logística mais convencionais. A importância da utilização de técnicas quantitativas para avaliar a capacidade de crédito dos candidatos a empréstimos é abordada na secção inicial do documento. Os autores

reconhecem que, apesar da relutância, os investigadores continuam a explorar novas abordagens. Referem que surgiram vários algoritmos alternativos na última década, proporcionando oportunidades de inovação nos modelos de notação de crédito. Uma das abordagens promissoras examinadas neste documento são as máquinas de vectores de apoio. Os autores avaliam o desempenho de modelos baseados em SVM com regressão logística utilizando um conjunto de dados de crédito real que adquiriram da plataforma de empréstimos P2P Bondora. Criam modelos de pontuação e avaliam o poder de discriminação das SVM na pontuação de crédito. Este documento destaca a exploração em curso de métodos alternativos de pontuação de crédito, incluindo SVM, face à abordagem tradicional de regressão logística . O estudo fornece informações sobre as vantagens comparativas e as limitações do SVM em cenários de pontuação de crédito do mundo real, contribuindo para o debate em curso sobre a melhoria do processo de avaliação de crédito, particularmente no sector dos empréstimos P2P.

[11] O autor explorou a utilização de Support Vetor Machines (SVM) para modelar o risco de crédito, classificando os requerentes de crédito em categorias de risco boas ou más. O artigo começa por realçar a importância da classificação dos requerentes de crédito em categorias de risco. A aplicação da SVM, uma ferramenta da teoria da aprendizagem estatística para a construção de modelos de previsão, é abordada neste estudo. O SVM é muito vantajoso porque requer poucos pressupostos sobre a estrutura do modelo [21]. É mencionado que dois subconjuntos de padrões de "crédito típico" e "crédito crítico" podem ser criados pela SVM para separar com êxito os candidatos a crédito rotulados. A SVM é utilizada para construir modelos que podem prever o rótulo da classe (risco de crédito) de novos candidatos a crédito com base nas suas caraterísticas de entrada. O documento sublinha o potencial da SVM para melhorar os modelos de pontuação de crédito, distinguindo entre candidatos a crédito fáceis de prever e candidatos a crédito difíceis.

[15] O principal objetivo do documento é utilizar técnicas de aprendizagem automática, em especial máquinas de vectores de apoio (SVM), para estimar o risco de crédito. Para ajudar os bancos a tomar decisões sensatas em matéria de empréstimos, o autor propôs-se avaliar a eficácia das SVM na previsão e classificação do risco de crédito. Os autores utilizaram uma abordagem empírica para avaliar o risco de crédito. Recolheram um conjunto de dados aleatoriamente de 2015 a 2018 do Banco XX, compreendendo 610 pontos de dados. O artigo mostra o potencial da SVM como uma ferramenta eficaz para a análise do risco de crédito, com

o núcleo polinomial que produz os melhores resultados. Esta investigação contribui para a compreensão das aplicações de aprendizagem automática no sector financeiro, oferecendo informações valiosas para a avaliação do risco de crédito.

[19] O documento, "Predictive Models for Loan Default Risk Assessment," examina criticamente o panorama dos modelos preditivos cruciais para avaliar o risco de incumprimento dos empréstimos no sector financeiro. Começa com uma panorâmica abrangente da dependência do sector financeiro de uma avaliação de risco rigorosa e do papel fundamental dos modelos preditivos. Os modelos tradicionais de pontuação de crédito, incluindo as pontuações FICO, são analisados, destacando os seus pontos fortes e limitações na previsão do incumprimento de empréstimos. O estudo explora extensivamente os algoritmos de aprendizagem automática, como o LightGBM, o XGBoost, a regressão logística e a floresta aleatória, destacando a sua maior precisão de previsão e adaptabilidade. Modelos avançados de pontuação de crédito, incorporando fontes de dados alternativas e técnicas analíticas avançadas, são discutidos para um perfil mais abrangente do mutuário. A integração da análise de grandes volumes de dados e da aprendizagem automática na modelização do risco de crédito é explorada, mostrando o impacto dos indicadores macroeconómicos e do sentimento do mutuário. Os modelos de aprendizagem profunda, especificamente as redes neuronais convolucionais (CNN) e as redes neuronais recorrentes (RNN), são introduzidos para o processamento de dados sequenciais e de séries temporais para aumentar a precisão das previsões. O conceito de IA explicável (XAI) é explorado como um elemento crucial para tornar os

modelos complexos de risco de crédito transparentes e interpretáveis para efeitos de conformidade regulamentar. Em conclusão, o documento sublinha a natureza evolutiva dos modelos preditivos, destacando o seu papel indispensável para garantir práticas de empréstimo responsáveis, salvaguardar os investimentos e manter a estabilidade do sector financeiro. É defendida a inovação contínua para se adaptar à evolução dos comportamentos dos mutuários e às fontes de dados emergentes.

[23] Este documento explora os avanços nos modelos de avaliação do risco de crédito, partindo de métodos tradicionais como AHP, Regressão Logística, SVM, Árvore de Decisão, XGBoost e LightGBM. Introduz uma nova abordagem que incorpora dados de consumo, empregando 1D CNN para extração de caraterísticas, BiLSTM para análise sequencial e um mecanismo de atenção para avaliação informada do risco. O modelo proposto supera os métodos de base, demonstrando métricas AUC, KS e FCP melhoradas, enfatizando particularmente o impacto positivo dos números dos consumidores na avaliação do risco de empréstimos. O estudo conclui com sublinhando a importância da integração dos dados de consumo e sugere vias para futuras melhorias, incluindo métodos de fusão ponderados e baseados na atenção.

[24] O documento "Deep Neural Network and Support Vetor Machine for Credit Risk Prediction" (Rede Neuronal Profunda e Máquina de Vectores de Suporte para Previsão do Risco de Crédito) centra-se no aumento da precisão da previsão do risco de crédito através de uma abordagem sinérgica que envolve a Rede Neuronal Profunda (DNN) e a Máquina de Vectores de Suporte (SVM)

metodologias. O estudo investiga o panorama atual da previsão do risco de crédito, reconhecendo a importância da precisão na mitigação das perdas financeiras. Os métodos tradicionais e as suas limitações são explorados, abrindo caminho para a introdução de uma estratégia mista que utiliza DNN e SVM. O estudo da literatura fornece uma compreensão aprofundada das metodologias escolhidas - DNN e SVM. Examina os seus pontos fortes individuais e a forma como a sua integração cria um quadro complementar e robusto para a previsão do risco de crédito. O estudo culmina com uma conclusão importante: uma melhoria notável na exatidão de 9,62%, com aumentos de 10,06% e 9,62%, respetivamente, na precisão e na recuperação. Este facto sublinha a eficácia da estratégia mista, demonstrando o seu potencial para melhorar os modelos de previsão do risco de crédito e fortalecer a tomada de decisões no domínio financeiro.

3. OBJECTIVOS

3.1 AUMENTAR A EFICÁCIA DA AVALIAÇÃO DO RISCO DE CRÉDITO:

Simplificar e agilizar o processo de avaliação do risco de empréstimo, abandonando as demoradas avaliações presenciais. Resolver as insuficiências dos modelos tradicionais no tratamento do número crescente de pedidos de empréstimo.

3.2 AVALIAR OS MODELOS TRADICIONAIS:

Avaliar o desempenho do SVM na previsão do risco de incumprimento de empréstimos. Identificar os pontos fortes e fracos do modelo, especialmente no que respeita à sua capacidade de lidar com dados complexos e de elevada dimensão.

3.3 PROPÕEM UMA NOVA ABORDAGEM COM MODELOS DE APRENDIZAGEM AUTOMÁTICA:

Introduzir uma nova abordagem através da combinação de modelos de aprendizagem automática amplamente utilizados, nomeadamente SVM e FNN. Investigar as sinergias potenciais e as capacidades de previsão melhoradas obtidas através da integração destes diversos modelos.

3.4 QUANTIFICAR O DESEMPENHO DO MODELO:

Utilizar métricas de desempenho, incluindo a pontuação F1, exatidão, recuperação e precisão, para quantificar a eficácia de cada modelo. Estabelecer uma referência para avaliar a capacidade de previsão única da FNN em comparação com os modelos tradicionais.

3.5 COLMATAR AS LACUNAS NA AVALIAÇÃO DO RISCO DE CRÉDITO:

Abordar a lacuna identificada nas actuais metodologias de avaliação do risco de crédito, propondo uma abordagem mais eficiente e escalável. Contribuir para a evolução das práticas de avaliação do risco de crédito num panorama financeiro dinâmico.

3.6 DEMONSTRAM A SUPERIORIDADE DA FNN:

Salientar as vantagens da FNN no reconhecimento de ligações e padrões complexos nos dados dos clientes. Demonstrar a capacidade do FNN para ultrapassar os equivalentes clássicos na precisão da previsão, estabelecendo assim o seu potencial para melhorar a previsão do risco de empréstimo.

Ao abordar estes objectivos, a investigação visa fornecer um quadro abrangente para as instituições financeiras adaptarem e melhorarem as suas estratégias de avaliação do risco de crédito na era digital. A abordagem proposta, que utiliza modelos avançados de aprendizagem automática, procura colmatar a lacuna identificada e contribuir para a evolução contínua das práticas de avaliação dos riscos financeiros.

4. SISTEMA PROPOSTO

4.1 ARQUITECTURA DO SISTEMA:

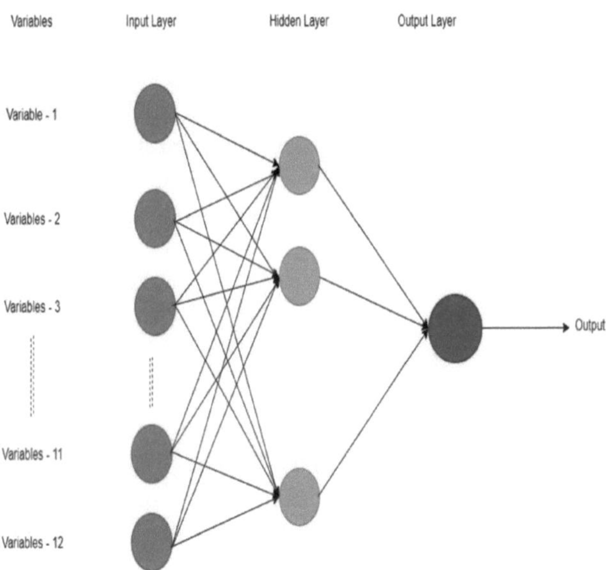

Fig. 4.1 Arquitetura do modelo FNN

A arquitetura de uma Rede Neuronal Feed Forward (FNN) envolve uma série de camadas interligadas que processam e transformam os dados de entrada para produzir uma saída. Eis um resumo geral da arquitetura:

4.1.1 Camada de entrada:

A camada de entrada representa as caraterísticas ou variáveis utilizadas para a previsão. Cada nó da camada de entrada corresponde a uma caraterística de entrada específica, e os valores são introduzidos na rede.

4.1.2 Camadas ocultas:

As camadas ocultas são camadas intermédias entre as camadas de entrada e de saída. Cada nó de uma camada oculta efectua uma soma ponderada das entradas e passa o resultado através de uma função de ativação. O número de camadas ocultas e de nós em cada camada pode variar consoante a complexidade do problema.

4.1.3 Ponderações e desvios:

As ligações entre nós em diferentes camadas estão associadas a pesos. Estes pesos determinam a força das ligações e são ajustados durante o processo de treino. Além disso, cada nó nas camadas ocultas tem um viés associado, contribuindo para a flexibilidade do modelo.

4.1.4 Funções de ativação:

As funções de ativação introduzem não-linearidade no modelo, permitindo-lhe aprender padrões complexos. As funções de ativação comuns incluem ReLU (Unidade Linear Rectificada), Sigmoide e Tanh. A escolha da função de ativação depende da natureza do problema.

4.1.5 Camada de saída:

A camada de saída produz a previsão ou classificação final. O número de nós na camada de saída depende da natureza da tarefa - regressão, classificação binária ou classificação multi-classe. A função de ativação na camada de saída é escolhida em conformidade.

4.1.6 Função de perda:

A função de perda avalia o desempenho do modelo medindo a diferença entre os valores previstos e reais. O objetivo durante a formação é minimizar esta perda. Para tarefas de regressão, é normalmente utilizado o erro quadrático médio (MSE), enquanto a classificação binária pode utilizar a entropia cruzada binária e a classificação multiclasse pode utilizar a entropia cruzada categórica.

4.1.7 Optimizador:

O optimizador ajusta os pesos e os enviesamentos do modelo durante a formação para minimizar a perda. Os optimizadores mais populares incluem o Stochastic Gradient Descent (SGD), o Adam e o RMSprop.

4.1.8 Processo de formação:

A FNN é treinada utilizando um conjunto de dados rotulados através de um processo designado por retropropagação. Durante o treino, os pesos e as polarizações são ajustados iterativamente para reduzir o erro de previsão. O conjunto de dados é normalmente dividido em conjuntos de treino e validação para avaliar o desempenho de generalização do modelo.

4.1.9 Técnicas de regularização:

Para evitar o sobreajuste, podem ser aplicadas técnicas de

regularização, como a regularização L2 ou dropout. Estas técnicas aumentam a capacidade de generalização do modelo para dados não vistos.

4.1.10 Processamento em lote:

O treino pode ser efectuado em lotes de dados em vez de todo o conjunto de dados, proporcionando eficiência computacional. Este processo é conhecido como processamento em lote.

A eficácia da arquitetura do modelo FNN depende de factores como o conjunto de dados, a complexidade do problema e a afinação adequada dos hiperparâmetros. A arquitetura descrita fornece uma base para a construção de redes neuronais adaptadas a tarefas específicas.

4.2 ALGORITMOS:

4.2.1 Rede neural de avanço (FNN):

Uma rede neural feed forward (FNN) é um tipo de rede neural artificial em que a informação se move numa direção - para a frente - a partir da camada de entrada, através de camadas ocultas e, finalmente, para a camada de saída. É uma arquitetura fundamental na aprendizagem profunda. Aqui estão os principais componentes:

1. Arquitetura:

Camadas: A FNN é normalmente constituída por uma camada de entrada, uma ou mais camadas ocultas e uma camada de saída. Cada camada contém nós (neurónios) e as ligações entre os nós têm pesos associados.

2. **Funções de ativação:**

Os nós das camadas ocultas aplicam funções de ativação para introduzir a não linearidade. As funções de ativação comuns incluem ReLU (Unidade Linear Rectificada), Sigmoide e Tanh.

3. **Ponderações e desvios:**

Os pesos e as polarizações são parâmetros que a rede aprende durante o treino. O ajuste ótimo destes parâmetros permite que a rede faça previsões precisas.

4. **Formação:**

A FNN é treinada com dados rotulados. Durante o treino, aprende a minimizar a diferença entre os resultados previstos e os reais, ajustando os pesos e os enviesamentos através de algoritmos de retropropagação e otimização.

5. **Casos de utilização:**

A FNN é amplamente utilizada em várias aplicações, incluindo o reconhecimento de imagem e de voz, o processamento de linguagem natural e as previsões financeiras.

4.2.2 Máquina de Vetor de Suporte (SVM):

Uma Máquina de Vectores de Suporte (SVM) é um algoritmo de aprendizagem automática supervisionada utilizado para tarefas de classificação e regressão. Funciona encontrando o hiperplano ótimo que melhor separa os pontos de dados em diferentes classes. Os principais aspectos incluem:

1. **Hiperplano:**

O objetivo do SVM é encontrar o hiperplano que separa ao máximo os pontos de dados de diferentes classes. Num espaço bidimensional, o hiperplano é uma linha; em dimensões superiores, é um plano ou um hiperplano.

2. **Vectores de apoio:**

Os vectores de apoio são os pontos de dados mais próximos do hiperplano e têm um papel crucial na determinação do hiperplano ótimo. São utilizados para definir a margem, que é a distância entre o hiperplano e o ponto de dados mais próximo de uma das classes.

3. **Truque do kernel:**

O SVM pode lidar com limites de decisão não lineares utilizando o truque do kernel. Isto envolve o mapeamento dos dados de entrada num espaço de dimensão superior, facilitando a procura de um hiperplano que separe os dados.

4. C Parâmetro:

O parâmetro de regularização (C) no SVM controla o compromisso entre a obtenção de um limite de decisão suave e a classificação correta dos pontos de treino.

5. Casos de utilização:

O SVM é utilizado em tarefas de classificação, como a classificação de imagens, a categorização de textos e a bioinformática. É eficaz em espaços de elevada dimensão e em cenários em que o número de dimensões é superior ao número de amostras.

4.3 DESCRIÇÃO DO CONJUNTO DE DADOS:

Para melhorar a precisão dos modelos de previsão do risco de crédito, utilizámos um conjunto de dados abrangente que inclui 30 000 dados de utilizadores. Cada entrada neste conjunto de dados é caracterizada por 12 caraterísticas distintas, cada uma delas contribuindo com informações valiosas sobre a capacidade de crédito dos mutuários. O conjunto de dados engloba um conjunto diversificado de atributos, incluindo informações pessoais, detalhes do empréstimo e o historial de crédito do mutuário. Estas caraterísticas servem de base para a construção de modelos preditivos robustos capazes de avaliar com exatidão o risco associado aos candidatos a empréstimos.

As caraterísticas abrangidas por este conjunto de dados incluem

4.3.1 Idade da pessoa: A idade do requerente do empréstimo, um fator essencial para avaliar a estabilidade financeira e as responsabilidades.

4.3.2 **Rendimento da pessoa:** O rendimento anual do candidato, que permite conhecer a sua capacidade financeira.

4.3.3 **Duração do emprego da pessoa:** A duração do emprego do candidato , que indica a estabilidade do emprego.

4.3.4 **Montante do empréstimo:** A soma total que o mutuário está a solicitar como empréstimo.

4.3.5 **Taxa de juros do empréstimo:** A taxa de juro associada ao empréstimo que afecta as despesas de empréstimo.

4.3.6 **Estado do empréstimo:** O estado do empréstimo, um indicador crucial para compreender os comportamentos de pagamento.

4.3.7 **Percentagem de rendimento do empréstimo:** O rácio entre o montante do empréstimo e o rendimento do candidato, o que permite obter informações sobre a acessibilidade do empréstimo.

4.3.8 **Incumprimento:** A variável de saída binária, que indica se um mutuário entrou ou não em incumprimento de um empréstimo.

4.3.9 **Duração do historial de crédito:** O período do historial de crédito do mutuário, que frequentemente influencia as decisões de empréstimo.

4.3.10 Propriedade da casa da pessoa: A situação da propriedade da habitação do candidato, fornecendo informações sobre a sua situação de vida. Esta caraterística tem 4 classes, nomeadamente "MORTGAGE", "RENT", "OWN" e "OTHER".

4.3.11 Intenção de empréstimo: A utilização prevista do empréstimo, que oferece informações sobre as motivações do mutuário. Existem seis classes nesta funcionalidade: "CONSOLIDAÇÃO DE DÍVIDAS", "EDUCAÇÃO", "MELHORIA DA CASA", "MÉDICO", "PESSOAL" e "VENTURA".

4.3.12 Classificação do empréstimo: A classificação atribuída ao empréstimo, que significa o seu nível de risco. A caraterística Loan Grade tem 7 classes com graus de A a G.

Este conjunto de dados é retirado do Kaggle e permite-nos efetuar um exame rigoroso dos modelos preditivos para a avaliação do risco de empréstimos. Ao tirar partido destas caraterísticas, podemos elucidar as relações intrincadas entre os atributos do mutuário e as ocorrências de incumprimento do empréstimo. O conjunto de dados constitui uma ferramenta poderosa na nossa tentativa de transformar o sector dos empréstimos, melhorando a precisão e a fiabilidade da avaliação do risco de crédito e, em última análise, promovendo práticas de empréstimo sólidas e baseadas em dados.

5. PLANO DE TRABALHO

Duração: 6 meses

FASE 1: PLANEAMENTO E PREPARAÇÃO DO PROJECTO (2 SEMANAS)

- Definir as metas e os objectivos da investigação para o estudo de previsão do risco de crédito.
- Estabelecer o âmbito e os limites da investigação, incluindo as organizações financeiras visadas e as fontes de dados.
- Reunir uma equipa de projeto com experiência em aprendizagem automática, análise de dados e finanças.
- Identificar e adquirir os recursos de software necessários, incluindo bibliotecas de aprendizagem automática e ferramentas de análise de dados.

FASE 2: RECOLHA DE DADOS E PREPARAÇÃO (4 SEMANAS)

- Reunir um conjunto abrangente de dados de clientes, assegurando que são representativos de diversos cenários financeiros.
- Pré-processar e limpar os dados para tratar os valores em

falta, os valores anómalos e garantir a uniformidade.

- Efetuar uma análise exploratória dos dados para obter informações sobre as caraterísticas do conjunto de dados.

FASE 3: FORMAÇÃO E AVALIAÇÃO DO MODELO (8 SEMANAS)

- Implementar três algoritmos clássicos de aprendizagem automática: Máquina de vetor de suporte

- Desenvolver e treinar um modelo FNN para a previsão do risco de empréstimo.

- Avalie os modelos utilizando métricas como a pontuação F1, a recuperação, a exatidão e a precisão.

- Comparar o desempenho dos algoritmos clássicos com o modelo FNN.

FASE 4: ANÁLISE DOS RESULTADOS E REDACÇÃO DO DOCUMENTO (6 SEMANAS)

- Analisar os resultados para identificar tendências, padrões e conclusões significativas.

- Redigir o documento de investigação, incluindo secções sobre metodologia, resultados, discussão e conclusão.

- Articular claramente as vantagens do modelo FNN na previsão dos riscos de incumprimento dos empréstimos.

- Incluir visualizações e tabelas para apoiar os resultados apresentados.

FASE 5: PREPARAÇÃO DA APRESENTAÇÃO (4 SEMANAS)

- Criar uma apresentação convincente e informativa que resuma os resultados da investigação.

- Conceber diapositivos que comuniquem eficazmente a metodologia, os resultados e as implicações.

- Ensaiar a apresentação para garantir a clareza e a coerência.

FASE 6: APRESENTAÇÃO DO TRABALHO DE INVESTIGAÇÃO (2 SEMANAS)

- Fazer a apresentação do trabalho de investigação a colegas, professores e profissionais do sector.

- Abordar questões e participar em debates para clarificar e validar os resultados da investigação.

FASE 7: APRESENTAÇÃO E REVISÃO DE ARTIGOS (4 SEMANAS)

- Preparar o trabalho de investigação para apresentação em conferências ou revistas relevantes.

- Siga as diretrizes de apresentação e cumpra os requisitos de formatação.31

- Responder aos comentários dos revisores e rever o artigo em conformidade.

FASE 8: PUBLICAÇÃO E DIVULGAÇÃO (2 SEMANAS)

- Publicar o trabalho de investigação numa revista de renome ou apresentá-lo numa conferência reconhecida.

- Divulgar as principais conclusões através de vários canais, como as redes sociais e as redes académicas.

FASE 9: DIRECÇÕES FUTURAS E REFLEXÃO (2 SEMANAS)

- Refletir sobre o processo de investigação, as realizações e as principais conclusões.

- Identificar potenciais avanços na previsão do risco de crédito ou em domínios conexos.

- Resumir o percurso de investigação e contribuir para o debate em curso sobre a avaliação dos riscos financeiros.

6. IMPLEMENTAÇÃO

A abordagem sugerida centra-se na utilização de métodos de aprendizagem automática de ponta para resolver o problema premente da previsão do risco de empréstimo no domínio financeiro. A avaliação do risco de empréstimo desempenha um papel fundamental no sector financeiro, uma vez que ajuda os credores a tomar decisões informadas, a mitigar potenciais perdas e a garantir práticas de empréstimo responsáveis. Neste contexto, apresentamos a nossa abordagem baseada em Redes Neuronais Alimentares (FNN), que apresentam um grande potencial para melhorar a precisão e a fiabilidade das previsões de risco de empréstimo.

6.1 DESCRIÇÃO DA METODOLOGIA:

6.1.1 Recolha de dados e pré-processamento:

Começamos por recolher um conjunto de dados substancial que inclui a informação de 30.000 utilizadores. O conjunto de dados inclui 12 caraterísticas essenciais. Estas caraterísticas são cuidadosamente selecionadas para englobar diversos aspectos dos perfis dos mutuários e dos detalhes dos empréstimos.

6.1.2 Visualização de dados:

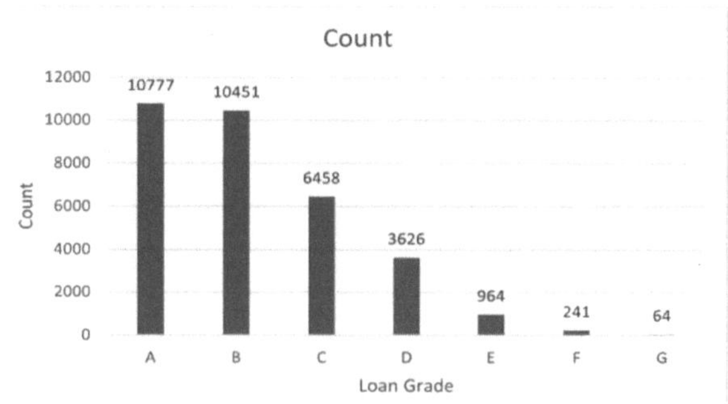

Fig. 6.1. Graus de empréstimo

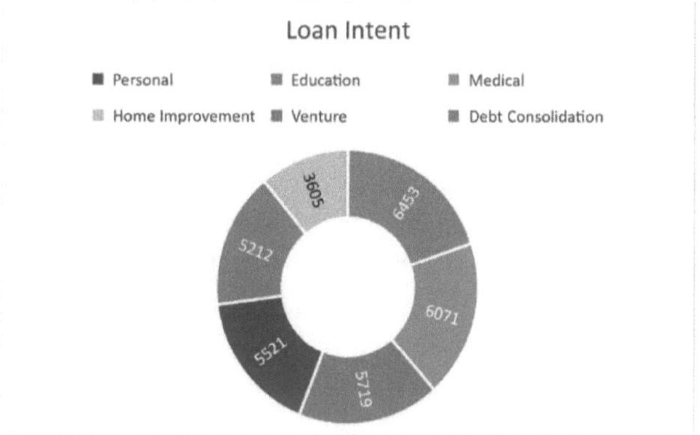

Fig. 6.2. Intenção de empréstimo

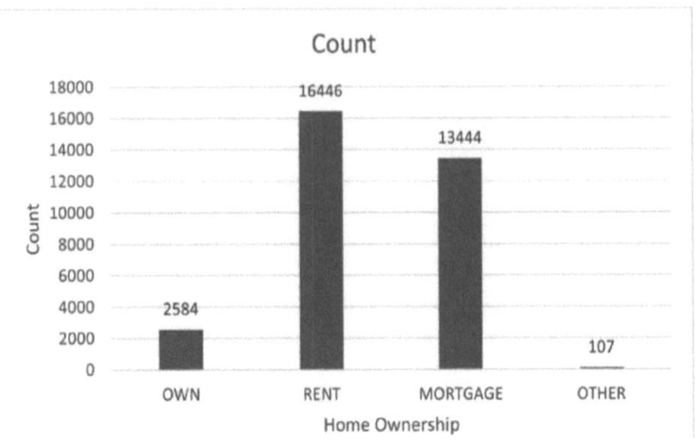

Fig. 6.3. Propriedade de casa

6.1.3 Normalização de dados:

O primeiro passo no nosso pré-processamento de dados envolve a normalização das caraterísticas. Ao normalizar os dados, garantimos que todas as variáveis de entrada sejam trazidas para a mesma escala, evitando assim que qualquer caraterística domine o modelo devido à sua maior magnitude. Esse processo de normalização é fundamental para o treinamento robusto da nossa FNN.

6.1.4 Inicialização de peso personalizado:

Uma caraterística distintiva da nossa metodologia é a introdução de pesos personalizados para a camada oculta inicial da FNN. Atribuímos cuidadosamente pesos específicos a diferentes caraterísticas com base na experiência no domínio e na análise exploratória de dados. Esta abordagem permite-nos dar uma importância diferente a várias caraterísticas de entrada durante o treino do modelo, garantindo que a FNN aprende padrões e relações complexas.

6.1.5 Arquitetura da rede neural feedforward:

Uma camada de entrada, muitas camadas ocultas e uma camada de saída são as várias camadas que compõem a nossa arquitetura FNN. Uma função de ativação é utilizada por cada neurónio nas camadas ocultas para adicionar não-linearidade ao modelo. Ao remover aleatoriamente uma parte dos neurónios durante o treino, as camadas de abandono na nossa FNN ajudam a evitar o sobreajuste.

6.1.6 Primeira camada oculta ponderada personalizada:

A primeira camada oculta da nossa FNN é inicializada com pesos personalizados. Esses pesos personalizados são baseados no conhecimento do domínio e na importância relativa de diferentes caraterísticas na avaliação do risco de empréstimo. Isto permite-nos afinar a ponderação das caraterísticas e captar melhor os padrões subjacentes.

6.1.7 Formação e avaliação:

O algoritmo de retropropagação, um método comum para melhorar as redes neurais, é utilizado para treinar o modelo FNN. O modelo minimiza o erro entre os resultados esperados e os resultados efectivos do incumprimento do empréstimo, modificando iterativamente os pesos e os enviesamentos. Para garantir a convergência, estabelecemos um determinado número de épocas de treino.

6.1.8 Validação e teste de modelos:

O modelo passa pelas fases de teste e validação após o treino. O conjunto de validação é utilizado para verificar a boa generalização do modelo a novos dados e para ajustar os hiperparâmetros. Por último, o conjunto de dados de teste é utilizado para avaliar o desempenho do modelo e fornecer uma avaliação exacta da sua capacidade de previsão.

6.1.9 Métricas de desempenho:

Utilizamos vários indicadores de desempenho, como a área sob a curva caraterística de funcionamento do recetor (AUC-ROC), o valor de recuperação, a percentagem de exatidão, a precisão e a pontuação F1-para avaliar a eficácia do nosso modelo FNN. Em conjunto, estas medidas mostram até que ponto o modelo consegue classificar os incumprimentos de empréstimos.

7. RESULTADOS

Os resultados dos nossos modelos de previsão do risco de crédito, incluindo os modelos FNN e SVM, são apresentados nesta secção, com uma comparação exaustiva do seu desempenho com base em várias métricas de avaliação. O conjunto de dados utilizado para a experimentação consiste em 30.000 entradas com 12 caraterísticas.

O nosso modelo Feed-Forward Neural Network (FNN), adaptado à previsão do risco de crédito, produziu os seguintes resultados:

7.1 Exatidão:

O modelo FNN demonstrou uma exatidão de 86,3826816, o que significa que tem um poder de previsão robusto.

7.2 Precisão:

A precisão foi de 0,550652463, o que implica a capacidade da FNN para identificar com exatidão os incumprimentos de empréstimos.

7.3 Recall:

A recordação produziu um valor de 1,0, demonstrando a capacidade da FNN para captar eficazmente os valores por defeito.

7.4 Pontuação F1:

O F1-Score da FNN foi de 0,676068753, o que indica um desempenho equilibrado em termos de precisão e recordação.

7.5 AUC-ROC:

A pontuação AUC-ROC do modelo FNN foi de 0,896577732, o que sugere o seu forte poder de discriminação.

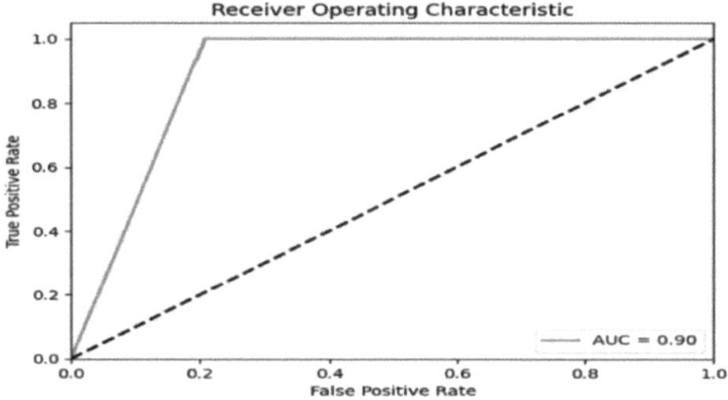

Fig. 7.1 AUC - Curva ROC

Para efetuar uma comparação abrangente, podemos analisar as métricas dos dois modelos:

Tabela 7.1 Comparação de resultados SVM vs FNN

Factores	SVM	FNN
Exatidão	0.814711359	0.863826816
Precisão	0.513168724	0.550652463
Recall	0.812907432	1

F1 - Pontuação	0.629162462	0.676068753
AUC - ROC	0.822648105	0.896577732

Ao comparar as métricas de desempenho dos modelos SVM e FNN, o nosso objetivo é fornecer informações sobre qual o algoritmo mais adequado para a previsão do risco de crédito. Estas conclusões apoiam a melhoria contínua dos sistemas de avaliação do risco financeiro em termos de exatidão e fiabilidade.

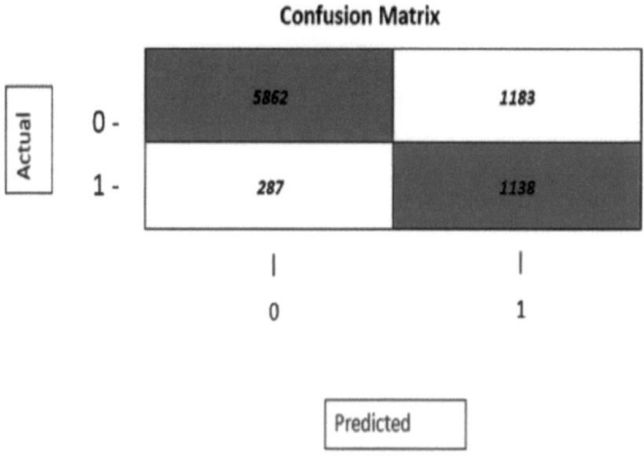

Fig. 7.2 Matriz de confusão para o modelo SVM

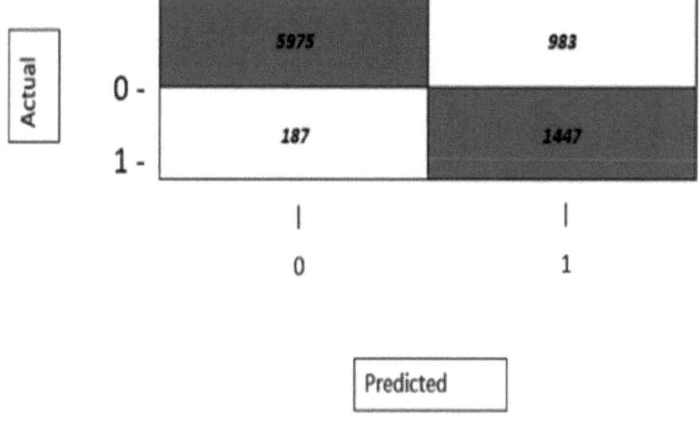

Fig. 7.3 Matriz de confusão para o modelo FNN

A nossa análise comparativa exaustiva revelou as caraterísticas distintivas destes algoritmos. Enquanto o SVM é célebre pela sua capacidade de lidar com conjuntos de dados complexos com maximização de margens, o modelo FNN aproveita as relações não lineares nos dados, frequentemente encontradas em finanças. O SVM apresentou uma precisão e uma recuperação mais equilibradas, o que o torna uma escolha sólida para uma abordagem de empréstimo conservadora, enquanto o FNN, com uma elevada precisão e AUC-ROC, é adequado para uma estratégia de empréstimo mais agressiva.

8. APLICAÇÕES

A aplicação da previsão do risco de crédito utilizando redes neuronais (FNN) apresenta uma abordagem transformadora para melhorar os processos de tomada de decisão no sector financeiro. A versatilidade da tecnologia estende-se a várias aplicações, oferecendo benefícios e melhorias substanciais às práticas existentes.

8.1 MELHORES DECISÕES DE EMPRÉSTIMO

A principal aplicação consiste em melhorar a exatidão das decisões de concessão de empréstimos. A FNN, com a sua capacidade de discernir padrões e dependências intrincados nos dados, contribui para fazer avaliações mais informadas do risco do mutuário. As instituições financeiras podem utilizar esta tecnologia para otimizar os processos de aprovação de empréstimos, assegurando um equilíbrio criterioso entre risco e oportunidade.

8.2 REDUÇÃO DE RISCOS E PREVENÇÃO DE PERDAS

A FNN serve como uma ferramenta proactiva para a mitigação do risco. Ao prever com precisão os potenciais incumprimentos e ao avaliar a solvabilidade do mutuário, as instituições financeiras podem adotar medidas preventivas para minimizar as perdas financeiras. Esta aplicação é particularmente valiosa em cenários económicos em evolução dinâmica, em que a identificação atempada do risco é fundamental.

8.3 GESTÃO MELHORADA DA CARTEIRA

A implementação da FNN facilita o desenvolvimento de estratégias mais robustas de gestão da carteira . As instituições financeiras podem afetar estrategicamente os recursos e gerir a exposição ao risco, tirando partido de previsões precisas do desempenho de cada empréstimo. Esta aplicação contribui para a manutenção de uma carteira de empréstimos saudável e equilibrada.

8.4 APOIO À DECISÃO EM TEMPO REAL:

As capacidades em tempo real da FNN permitem às instituições financeiras um apoio imediato à decisão. Em condições de mercado dinâmicas, avaliações de risco rápidas e precisas são vitais. As aplicações FNN permitem aos mutuantes responder prontamente à evolução das circunstâncias, garantindo agilidade e adaptabilidade na tomada de decisões.

8.5 PRODUTOS FINANCEIROS ADAPTADOS

As capacidades de previsão da FNN permitem a personalização de produtos financeiros com base em perfis de risco individuais. Esta aplicação garante que as instituições financeiras podem oferecer soluções personalizadas aos mutuários, promovendo práticas de empréstimo responsáveis e fomentando relações mais fortes com os clientes.

8.6 CONFORMIDADE E CUMPRIMENTO DA REGULAMENTAÇÃO

A aplicação da FNN estende-se à garantia do cumprimento das normas regulamentares. Ao incorporar considerações éticas nos modelos preditivos, as instituições financeiras podem alinhar as suas práticas com os regulamentos do sector e as normas éticas de empréstimo, evitando assim repercussões legais.

8.7 MODELAÇÃO ADAPTATIVA DOS RISCOS

As capacidades de aprendizagem adaptativa da FNN tornam-na adequada para a modelação de riscos em evolução. A aplicação envolve a aprendizagem contínua a partir de novos padrões de dados, permitindo que o modelo se adapte à dinâmica do mercado e aos comportamentos dos mutuários. Esta adaptabilidade contribui para a longevidade e relevância dos modelos de previsão de risco.

8.8 INICIATIVAS DE INCLUSÃO FINANCEIRA

As FNN podem desempenhar um papel fundamental na promoção da inclusão financeira. Ao avaliar com precisão os riscos, as instituições financeiras podem conceder crédito a populações carenciadas e a mercados emergentes, promovendo o crescimento económico e alargando o acesso aos serviços financeiros.

Essencialmente, as aplicações da Previsão do Risco de Empréstimo utilizando FNN vão para além da avaliação do risco. Abrangem a tomada de decisões estratégicas, a otimização da carteira e um compromisso com práticas de empréstimo éticas e responsáveis, contribuindo coletivamente para a resiliência e sustentabilidade globais do ecossistema financeiro.

9. CONCLUSÃO E ÂMBITO FUTURO

9.1 CONCLUSÃO

Nesta investigação, propomo-nos abordar a preocupação central do sector financeiro - a previsão do risco de crédito. Uma avaliação precisa do risco no sector dos empréstimos é indispensável para mitigar as perdas financeiras e garantir a estabilidade das instituições financeiras. Utilizando as capacidades dos algoritmos de aprendizagem automática, investigámos e comparámos o desempenho de duas técnicas bem conhecidas: FNN E SVM. O nosso objetivo era desenvolver um sistema de previsão do risco de crédito robusto e preciso, fornecendo simultaneamente uma análise comparativa destes algoritmos.

O modelo Support Vetor Machine (SVM), tradicionalmente aclamado pela sua eficácia em tarefas de classificação, apresentou um desempenho louvável. Por outro lado, o nosso modelo Feed-Forward Neural Network (FNN), embora relativamente complexo, surgiu como um forte concorrente. Este modelo destacou-se em termos de precisão e demonstrou uma pontuação AUC-ROC impressionante, o que implica que fornece um meio robusto para diferenciar entre instâncias de incumprimento e de não incumprimento de empréstimos. Esperamos que este estudo promova mais inovação neste domínio, contribuindo, em última análise, para um ecossistema financeiro mais seguro e fiável.

9.2 ÂMBITO DE APLICAÇÃO FUTURA

O âmbito futuro da previsão do risco de crédito utilizando redes neuronais (FNN) apresenta uma via para a melhoria contínua e a inovação no domínio da avaliação do risco financeiro. Várias áreas-chave de exploração e desenvolvimento surgem no horizonte.

9.2.1 Integração de modelos híbridos: Futuros esforços de investigação podem aprofundar a criação de modelos híbridos que combinem os pontos fortes únicos da SVM e da FNN. A combinação da robustez do SVM no tratamento de limites de decisão complexos com as capacidades de aprendizagem profunda do FNN pode resultar em modelos de previsão mais poderosos e versáteis.

9.2.2 Exploração de algoritmos avançados de aprendizagem profunda: A trajetória da investigação poderá levar à exploração e incorporação de algoritmos de aprendizagem profunda mais avançados para além das redes neuronais tradicionais. A investigação do potencial das redes neuronais convolucionais (CNN) ou das redes neuronais recorrentes (RNN) pode fornecer novas dimensões para melhorar a exatidão e a eficiência das previsões do risco de crédito.

9.2.3 Integração de caraterísticas dinâmicas: O reforço das capacidades de previsão dos modelos pode ser conseguido através da incorporação de caraterísticas mais dinâmicas no conjunto de dados. A inclusão de indicadores económicos dinâmicos e em tempo real, de tendências de mercado e de informações específicas sobre os mutuários pode conduzir a um sistema de previsão do risco de crédito mais adaptável e reativo.

9.2.4 Avanços tecnológicos: O âmbito futuro estende-se ao aproveitamento dos avanços tecnológicos para melhorar o desempenho dos modelos. A implementação de ferramentas de ponta para a formação, otimização e implementação de modelos pode contribuir para a criação de sistemas de previsão do risco de crédito mais eficientes e escaláveis.

9.2.5 Aspectos éticos e de conformidade: A investigação em curso deve dar prioridade às implicações éticas dos modelos preditivos. Os futuros avanços da poderão envolver o desenvolvimento de metodologias para abordar e atenuar os enviesamentos nos dados, garantindo práticas de empréstimo justas e responsáveis. A conformidade com as normas regulamentares em evolução continuará a ser uma consideração fundamental.

9.2.6 Aumento da sofisticação dos dados: O panorama futuro implica o tratamento de conjuntos de dados cada vez mais sofisticados. À medida que os dados financeiros se tornam mais complexos e diversificados, os esforços de investigação podem centrar-se no aperfeiçoamento de algoritmos para extrair conhecimentos significativos de estruturas de dados intrincadas, aumentando assim a exatidão das previsões de risco.

9.2.7 Investigação específica do sector: É crucial uma exploração orientada para as nuances específicas do sector financeiro. A adaptação dos modelos às caraterísticas e desafios únicos das diferentes instituições financeiras pode conduzir a sistemas de previsão do risco de crédito mais relevantes e eficazes do ponto de vista contextual.

Em resumo, o âmbito futuro da previsão do risco de crédito utilizando a FNN envolve uma abordagem holística que engloba avanços tecnológicos, considerações éticas, cumprimento da conformidade e a evolução contínua dos modelos de previsão.

REFERÊNCIA

1. Ankit Karmakar, Machine Learning Approach to Credit Risk Prediction (Abordagem de aprendizagem automática à previsão do risco de crédito): A Comparative Study Using Decision Tree, Random Forest, Support Vetor Machine and Logistic Regression. Reg. N.º: FE/2022/006, março de 2023

2. Dr. İ. Haşim İNAL, USO DE INTELIGÊNCIA ARTIFICIAL EM FERRAMENTAS FINTECH EM TERMOS DE GESTÃO DE RISCO. Mar 2023

3. Ayoub El-Qadi, France Maria Trocan, Thomas Frossard, Natalia Díaz- Rodríguez, Impacto da análise setorial no desenvolvimento de modelos de aprendizagem automática de pontuação de crédito. dezembro de 2022

4. Aboobyda Jafar Hamid e Tarig Mohammed Ahmed, DEVELOPING PREDICTION MODEL OF LOAN RISK IN BANKS USING DATA MINING. Em Aprendizado de Máquina e Aplicações: Uma Revista Internacional (MLAIJ) Vol.3, No.1, março 2016

5. Tony Bellotti e Jonathan Crook, Support Vetor Machines for Credit Scoring and Discovery of Significant Features (Máquinas de vectores de apoio para pontuação de crédito e descoberta de caraterísticas significativas). Em Sistemas Especializados com Aplicações 36 (2009) 3302-3308

6. Jun-Tae Han, Jae-Seok Choi, Myeon-Jung Kim e Jina Jeong, Developing a Risk Group Predictive Model for Korean Students Falling into Bad Debt. dezembro de 2017

7. Jasmina Nalić, Amar Švraka, Usando abordagens de mineração de dados para construir modelo de pontuação de crédito Estudo de caso - Implementação de modelo de pontuação de crédito em instituição de microfinanças. No 7º Simpósio Internacional INFOTEH-

JAHORINA, 21-23 de março de 2018

8. José J. Canals-Cerdá e Sougata Kerr, Forecasting Credit Card Portfolio Losses in the Great Recession: A Study in Model Risk. março de 2014

9. Giorgio Calcagnini, Rebel Cole, Germana Giombini, Gloria Grandicell, Hierarchy of bank loan approval and loan performance. Na Springer International Publishing AG, parte da Springer Nature 201. março de 2018

10. Michal Haltuf, RNDr. Jiˇr'ı Witzany, Máquinas de vectores de suporte para pontuação de crédito. 2014

11. KB Schebesch, R Stecking, Support vetor machines for classifying and describing credit applicants: detecting typical and critical regions. In Journal of the Operational Research Society. 29 de junho de 2005

12. Qian Zhang, Tai' an, Modelo de previsão do risco de empréstimo baseado na floresta aleatória. 22 de junho de 2023

13. Noura Metawa, M.Kabir Hassan, Mohamed Elhoseny, Modelo baseado em algoritmo genético para otimizar as decisões de empréstimos bancários. 9 de março de 2017

14. Raymond Anderson, Piecewise Logistic Regression: uma aplicação na pontuação de crédito. Na Conferência de Pontuação e Controlo de Crédito XIV Edimburgo. 26-28 de agosto de 2015

15. N H Putri , M Fatekurohman , and I M Tirta, Credit risk analysis using support vetor machines algorithm

16. S.F. Crone, S. Finlay, Instance sampling in credit scoring: Um estudo empírico do tamanho da amostra e do equilíbrio. In International Journal of Forecasting 28 (2012) 224-238

17. Yicheng Gong, Lianying Zhou e Yanna Zhang, Previsão de risco de incumprimento orientada para a transformação Harsanyi baseada em FA-XGBoost em empréstimos de rede P2P

18. Dr. Kirti Wanjale, Paigude, S. ., S. C. . Pangarkar, S. . Hundekari, M. . Mali, K. . Wanjale, e Y. . Dongre. "Potential of Artificial Intelligence in Boosting Employee Retention in the Human Resource Industry" [Potencial da Inteligência Artificial em Impulsionando a Retenção de Empregados na Indústria de Recursos Humanos]. International Journal on Recent and Innovation Trends in Computing and Communication, vol. 11, no. 3s, Mar. 2023, pp. 01-10,

19. A. Pérez-Martín*, A. Pérez-Torregrosa, M. Vaca, Técnicas de Big Data para medir o risco bancário de crédito em empréstimos à habitação

20. Mehul Madaan, Aniket Kumar, Chirag Keshri, Rachna Jain e Preeti Nagrath, Loan default prediction using decision trees and random forest: Um estudo comparativo

21. Arshpreet Kaur, Abhijit Chitre, Kirti Wanjale, Pankaj Kumar, Shahajan Miah, Arnold C. Alguno, "Recognition of Protein Network for Bioinformatics Knowledge Analysis Using Support Vetor Machine", BioMed Research International, vol. 2022, Article ID 2273648, 11 páginas, 2022. https://doi.org/10.1155/2022/2273648

22. Cara Lown, Stavros Peristiani, The behavior of consumer loan rates during the 1990 credit slowdown. dezembro de 1995

23. AI Marque's, V Garcı'a and JS Sa'nchez, A literature review on the application of evolutionary computing to credit scoring. No Jornal da Sociedade de Pesquisa Operacional. agosto de 2013

24. Oludele Awodele, Sheriff Alimi, Olufunmilola Ogunyolu, Oluwole Solanke, Seyi Iyawe, Foladoyin Adegbie "CASCATA DE REDE NEURAL PROFUNDA E MÁQUINA DE VECTORES DE APOIO PARA PREDIÇÃO DO RISCO DE CRÉDITO", 2022 5.
Tecnologias da informação para a educação e o desenvolvimento

(ITED)

Printed by Books on Demand GmbH, Norderstedt / Germany